前 言

這本書是提供給木工 DIY 愛好者，選購西式鋼鉋及使用操作上的一些建議。這些鋼鉋是「當代木工藝術研習所」師生及作者所有，都是花錢買經驗，希望能為讀者提供一些選購及使用的有用訊息。

「工具是一分錢一分貨」，貴的不一定是好貨，但是好貨絕對不便宜。這並非要花大錢買最貴的，而是應該按照自己的需求，買預算內最適合的工具。尤其西式鋼鉋牽涉到機械結構與精密度，若只貪圖一點小便宜，買了才發覺不合用，然後再花錢買新的，兩次的錢，說不定花得更多，反而不值得。

這裡必須聲明，內文所述或建議只是根據作者的使用經驗，難免參雜一些個人喜好因素，所以絕無對各別工具或品牌有褒貶的意思。而且個人經驗也不一定能適用每一個人，因此讀者在選購器材前，還是應該按照個人的需求與使用習慣或喜好，多分析與思考再下判斷才行。

木工的工具與工法是條條大路通羅馬，是否良好及合適，首先需思考是否符合安全，同時能達到需求。其次是思考能否強化精確度或增加效率，同時還須自己有能力操控才行。每個人可以從眾多工具與方法中，選擇最適合的途徑來完成作品，並不一定非得學哪個名匠或大師不可。此外，還要懂得如何製作「治具」，發揮工具或器材的最大功效，才不會老是哀嘆「工具永遠少一樣」。內文所示範的操作方法，是完全針對木工 DIY 的工作者，與職業工匠的工法多少有些差異。因為 DIY 的工作者大部份都不是從年輕就開始做木工，很多人的手勁及力氣都不是很強勁，強要學職業工匠的工法，反而不適當。

最後還是老話叮嚀一句：「注意安全！」。尤其要相信自己的直覺，若覺得害怕、或是有點毛毛的，千萬不要魯莽的去嘗試。因為直覺已經在提醒危險情況，至少是超過自己目前可以操控的能力。老子說過：「勇於敢則殺，勇於不敢則活。」千萬不要逞一時英雄，而將自己陷在危險的情境，否則就後悔莫及了。

目　錄

第一章 Plane 鉋刀淺說

鉋刀是用來刨削木料的工具。以材質來分，可分為木鉋與鋼鉋兩類。

木鉋又可分為中式木鉋（或台式木鉋）、日式木鉋與西式木鉋（又稱德式木鉋或歐式木鉋）三類。

西式鋼鉋則分為刀片斜面朝下式鋼鉋及斜面朝上式鋼鉋兩類。

中式木鉋與日式木鉋的外型很近似，但是前者使用推刨的方式，後者則採用拉刨的方式操作。通常是一支刀片配一個鉋台，同尺寸規格的刀片與鉋台無法互換。

西式木鉋與西式鋼鉋的用法很類似，大部份都有推柄或推把可以推刨。同尺寸規格的刀片與鉋台可以互換。

西式斜面朝上式鋼鉋的鉋床角度是固定的，透過刀片的不同研磨角度，就可以將鉋刀改變為低、中、高等不同角度用途的鉋刀。而斜面朝下的西式鋼鉋，則透過更換不同角度的鉋床，亦可以將一支鉋刀改變為低、中、高等不同角度用途的鉋刀。兩者一樣，都可以省下許多鉋台的成本。

美製的『Lie Nielsen』(www.lie-nielsen.com) 及加拿大製的『Veritas』(www.leevalley.com)，可以說是西式鋼鉋的一級品牌，也是選擇西式鋼鉋的第一首選。另外，www.woodcraft.com 的『woodriver』品牌，也有一些不錯的鉋刀可供選擇，一併提供參考。

第二章 Bevel-Up vs. Bevel-Down
刀片斜面朝上與斜面朝下之鉋刀比較

西式鋼鉋，如前所述，可以大略分為『刀片斜面朝下』(Bevel-Down)〈如上圖右〉與『刀片斜面朝上』(Bevel-Up)〈如上圖左〉兩種。Bevel-Down 的鋼鉋與中式或日式鉋刀相比較，除了材質與操做方式不一樣之外，原理差不多；而 Bevel-Up 的鋼鉋，嚴格說來是小鋼鉋〈Block Plane〉的放大版，所以有些鉋刀名廠就曾直接稱它為 Large Format Block Plane。

我們來看兩種鋼鉋的細部結構。首先來看壓鐵，除了大小、形狀不一樣之外，有採用彈簧片壓扣式及螺栓旋緊式等不同的方式。

斜面朝上式的刀片僅僅是單一的刀片，而斜面朝下式的刀片上面還有一片蓋鐵。

取下刀片，可以看到 Bevel-Down 有一座用兩支螺栓來固定的總成，而 Bevel-Up 則是與整支鉋台鑄成一個斜面。

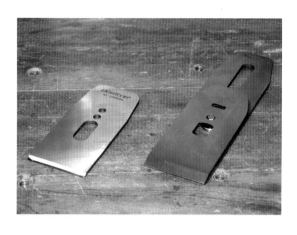 

Bevel-Down 的刀片有一片蓋鐵用螺栓與刀　有單獨的一支刀片。
片栓在一起。而 Bevel-Up 就簡單多了，只

將鋼鉋橫放，可以看到 Bevel-Up 簡單、快速的調整刀口結構〈見左圖左後〉。

Bevel-Down 並沒有這種結構〈見左圖右前〉而是鬆開兩支固定總成的螺栓來前後調整。

控制刀片的進出刀與左右平衡的機構，各家都不太一樣，很難評斷好壞。只能說隨人順手就可以了。

第三章 Low-Angle Smooth Plane 低角度細鉋

Low-Angle Smooth Plane（低角度細鉋）是一支可作多用途的鉋刀，配合不同的刀片，它除了用來細刨板面之外，也可以用來刨端面，還可以配合 Shooting Board 來使用。低角度鉋台的壓角是 12°，配合 25° 的低角度刀片，可以刨木板的橫斷面或端面。若用 50° 的高角度刀片，可以刨削困難木理

或逆木理，減輕木理被拉斷〈Tear-out〉的情況。另外，還可以用齒狀刀片〈Toothed Blade〉來刨削困難木理或木節。

鉋台的長度 10 英吋〈約 25.4cm〉，寬 2-1/2 英吋〈約 6.35cm〉，刀片寬度 2 英吋〈約 5cm〉，重量是 3 lb 10 oz〈約 1.644kg〉。

Bevel-Up Smooth Plane 各部名稱圖

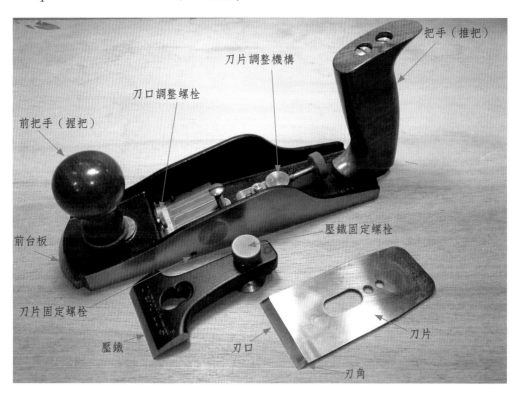

把手（推把）

刀片調整機構

刀口調整螺栓

前把手（握把）

前台板

刀片固定螺栓

壓鐵固定螺栓

壓鐵

刃口

刀片

刀角

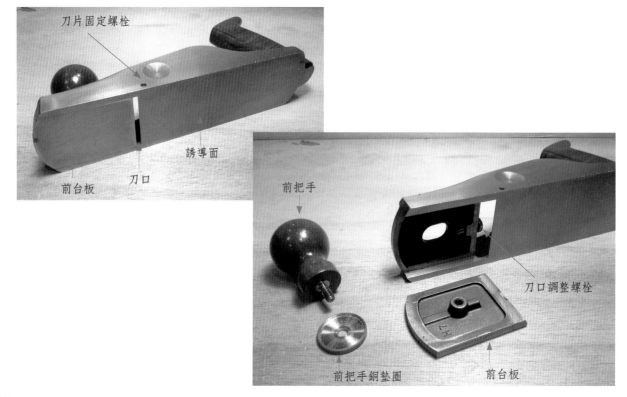

刀片固定螺栓

前台板　刀口

誘導面

前把手

刀口調整螺栓

前把手銅墊圈

前台板

拆裝與調整：

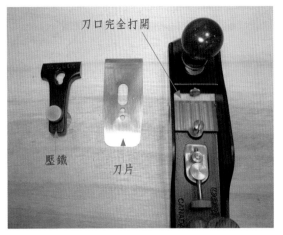

刀口完全打開

壓鐵

刀片

鉋刀平放在平坦的木板
上，將刀口完全打開。

放入刀片。

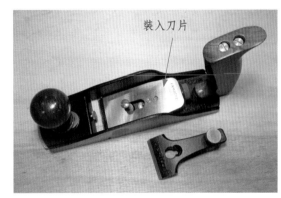

裝入刀片

將壓鐵固定螺栓先旋到
最低圈，讓壓鐵能剛好
自中央固定螺栓自由拆
卸。

壓鐵螺栓的螺紋
調到最下一圈

輕鎖壓鐵稍固定住刀
片，將刀片調整到刀口
的正中央。

刀片凸出部分需左右平行對稱

翻轉鉋台,讓誘導面朝上。用眼睛檢查刀片凸出部分,是否左右平行對稱。

調整鉋台兩側的刀片固定螺栓,剛好接觸到刀片。以刀片不會左右移動又可以自由拆卸為度。(此步驟只第一次使用或改換其他刀片時,才需調整。)

略放鬆壓鐵固定螺栓,轉動調整鈕推進刀片,讓刀片剛好接觸到板面。再鎖緊壓鐵約 1/4 圈測試刨削。(不可以鎖得過緊,不然會損壞壓鐵。)

若未符合需要的刨花厚薄,每次推出 1/4 圈刀片,測試刨削至需求情況為止。

放鬆前握把螺栓，以便調整刀口寬窄。

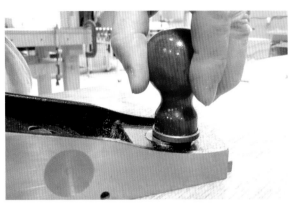

旋轉刀口調整螺栓，讓螺栓剛好頂住誘導面前台板。

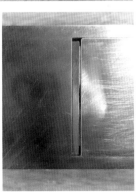

刀口調整到所需的寬窄後，即可鎖緊前握把螺栓，開始正式刨削。

不使用的時候，鉋刀要側放，不可以讓刀片直接接觸工作台。

鋼鉋的基本操作法：

推動鉋刀的方法是【腰動手送】。也就是說用手掌心握住推把，夾臂閉氣，兩膝微下彎，移動膝蓋帶動臀、腰部，產生推動力量順勢推進鉋刀。開始時，站三七步，然後順勢移動膝蓋，轉換成弓箭步。推動鉋刀時，要小腹內縮閉氣，一口氣用全身的力量推動鉋刀。然後調整呼吸，同時緩慢拉回鉋刀，預備下一個刨削動作。

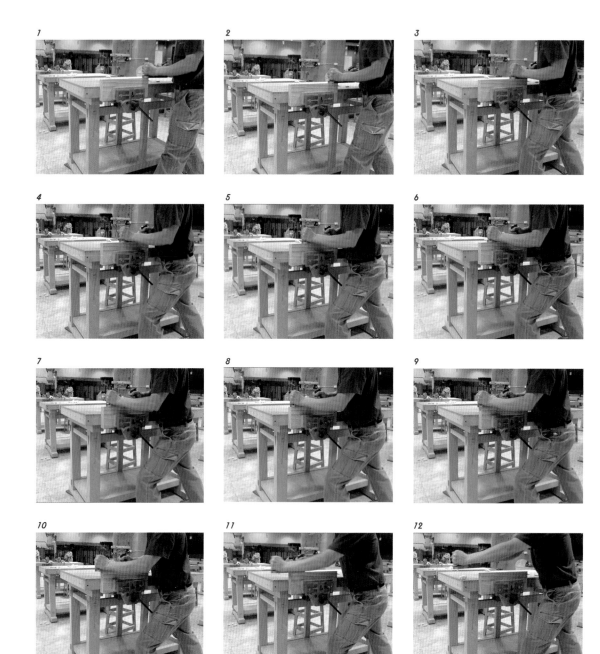

整平木料的方法：

準備木板固定治具。

先用木工虎鉗夾住 L 型擋板一端，另一端用固定夾夾緊。

放上要刨削的木板，木板的右側用另一片夾板頂緊，並用固定夾夾緊。

木板的下端一樣用另一片夾板頂緊，並用固定夾夾緊。

用低角度刀片斜角度粗
刨（約 30° 至 45°），
將板面大致刨平。

接著順木紋細刨，將板
面完全刨平，並用鋼尺
檢查木板的三個方向是
否平坦。

刨第二個面，先刨平直
並用鋼尺檢查。

鉋刀掛上直角板附件
(Jointer Fence)，將第二
個面刨成與第一個面直
角。

用平型卡尺頂住第二個
面，用鉛筆或劃線刀劃
線，然後刨第三個面。
必需與第一個面垂直，
同時與第二個面平行。

用劃線規頂著第一個
面，繞著端面及第二、
三個面劃線，然後刨第
四個面。必需與第一個
面平行，同時與第二，
三個面垂直。

直角板附件 (Jointer Fence) 的用法：

安裝的方法很簡單，只要讓吸鐵
吸住鉋刀的側面，然後向後拉讓
止擋靠住鉋刀的側緣就安裝完成。
鉋刀的刀片刃口要與直角板附件
呈直角。某些鉋刀的誘導面與側面
不是垂直的情況，可以利用此點來
調整，一樣能使用直角板附件。木
板要先刨直，然後將鉋刀的刀片退
一些，讓刨削量少一點，刨花薄一
些，再利用 Jointer Fence 來刨出直
角。整個刨削過程，Jointer Fence
一定要靠緊木板，同時吸鐵也需吸
緊鉋刀，兩者都不可偏離，才能確
保刨出直角。如果要刨其他角度，
可以利用 Jointer Fence 下方的兩個
孔，以 #10 平頭螺絲鎖一片導木，即能達　到目的。

Toothed Blade（齒狀刀片）用法：

Toothed Blade 刀片是用
來應付困難木理，特別
是木節。刃口是一顆顆
門牙般的刀刃，很容易
使用。

刀片背面則是一條一條
的除屑溝。

（附註）西式雙刀片劃線規：

這一款劃線規主要是用來劃方
榫。由於刀片一面是平的，一面
是斜面，可以控制要留下來的木
料用平的那一面劃，要鑿除的廢
料則用斜面那一面劃。刀片不銳
利的時候，只要旋轉刀片就可以
再使用；全部鈍掉的時候，可以
購買新刀片來更換，相當方便。

使用方法是先左方 30°
至 45° 角刨削。

再右方 30° 至 45° 角刨
削。

按前兩步驟交換刨削，
刨到大約平整，然後將
鉋刀換成一般刀片改成
順木紋刨削成完全平整
光滑。

（附註）調整及清理鉋刀的小道具：

1. 一寸的油漆刷可以用來清理鉋刀刀口的
   鉋花或木屑。
2. 10mm 寬的一字起子可以用來調整鉋刀螺
   栓。
3. 小的一字起子則用來調整刀片固定螺栓。

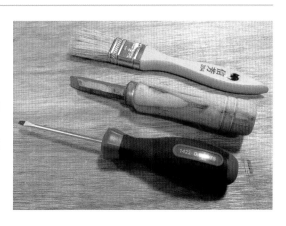

Shooting Board 的製作與使用：

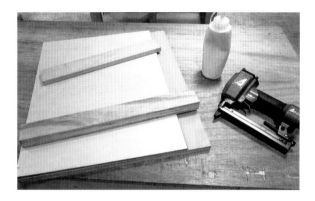

Shooting Board 是用來刨削木板側面與端面的治具，只要鉋台的側面與誘導面是直角的鋼鉋都可以使用。治具大小可以按自己的需求製作，一般用途約 40cm 至 50cm 長寬的尺寸就足夠了。

底板用 15mm 或 18mm 厚的夾板，距右側約 5-8cm，用圓鋸機鋸出約 3mm 深的排屑槽。上板用 9mm 的夾板，塗膠然後上下端用釘槍或螺絲固定。

上板右側要蓋住排屑溝約 1mm，以免木屑影響操作的順利與精確。

上端的擋木厚度一般約 15-20mm，若常需刨削較厚的板料，可以改用較厚的擋木。擋木必須與上板側面垂直，否則無法刨出側面與端面的直角。製作時要特別注意！

下端底面的固定木一般可以用 18mm 的夾板；若要用木工虎鉗來固定，可以改用松木或柳安角材。

這是 Shooting Board 的完成圖，可以夾在木工虎鉗上使用，也可以直接靠在桌邊使用。

操作時，木板靠在上端頂住夾板條，用手壓緊。鉋刀側放，用手推進刨削。

若是遇到斜角情況，可以安裝一片斜角木條，就能使用。

端面刨削的重點：

1. 使用低角度刀片。
2. 刀片要磨利。
3. 刨削量要小。
4. 鉋台放成斜角。

木板端面朝上，用工作台
的虎鉗夾緊。

刨端面的時候，需在末端
夾一塊廢料，以防木料劈
裂。某些情況，也可以先
將末端木料用鑿刀剔除，
一樣能避免端面刨削的木
料劈裂問題。

鉋台放成斜角。若會搖晃，
前手可以改握在鉋台側
緣，增加穩定效果。

MK2 磨刀器的磨刀法：

西式斜面朝上式鋼鉋的刀片，因應不同木理及用法的需求，有不同的角度。一般來說，用徒手研磨低角度 (25°) 或中角度 (38°) 的刀片，沒什麼大問題。但是要磨高角度 (50°) 的刀片，就比較困難。因此，若有磨刀器協助，會方便快速很多。Mk.2 磨刀器是眾多磨刀器中，符合可以快速學會、容易上手、價位又在可以接受範圍的磨刀治具之一，茲就其用法簡介如下：

Mk.2 磨刀器的滾輪有兩種，磨鑿刀或不需兩端倒圓角的鉋刀 (例如 Shoulder Plane)，使用圓筒狀滾輪。磨兩端要倒圓角的鉋刀，則使用橄欖狀滾輪。Low-Angle Smooth Plane 的 刀片，使用橄欖狀滾輪來研磨。

圓筒狀滾輪　　　橄欖狀滾輪

用游標卡尺量刀片的寬度。（若記得住刀片寬度規格，可以略過這個步驟。）

對準刀片寬度線，裝好角度治具，並確認角度治具的角度。

確認「角度治具」的角度

刀片寬度線

裝上刀片，刀刃右端頂緊擋塊，右緣貼緊治具。

左右兩顆刀片固定螺栓必需平均旋緊。

檢查滾輪螺栓的位置，是否符合刀片研磨角度的需求。

首先用 #1000 或 #800 的磨石研磨刀片的刃口。磨銳利後，再研磨刀片兩側的倒角。

接著用 #4000 或 #3000
的磨石研磨刀片的刃口
並將兩側倒角。

然後用 #8000 或 #6000
的磨石研磨刀片的刃口
並將兩側倒角。

拆下磨刀器，將刀片反
過面，磨 3 至 5 下，去
掉毛邊。 用輕機油或
WD40 之類防鏽油擦拭
保養。

保養：

西式鋼鉋一怕摔，二怕鏽。前者只要小心，應該不會有問題。就算不小心摔了，缺口用銼刀或砂紙磨過，一樣不影響功能，只是有礙觀瞻而已。至於後者，台灣是亞熱帶的潮濕氣候，稍不小心就會造成鉋刀生鏽。雖然生鏽一樣不會影響使用操作，但是看到昂貴鉋刀上的鏽斑，總是蠻心疼的。所以，每次只要摸過或用過鉋刀，一定要用 WD40 之類的輕防鏽油或輕機油保養。若長時間未使用，也要每隔二至四週拿出來保養一下。保養鉋刀，主要是仔細擦拭鉋台銀白色的金屬部份，至於黑色烤漆部份則稍加擦拭保養即可。至於刀片，現在用的鋼質都很好，不那麼容易生鏽，但還是擦拭乾淨會感覺好些。

有些讀者會質疑，有報導說 WD40 之類的輕防鏽油會腐蝕金屬，這樣會不會影響鋼鉋的精密度？從理論上來說，一定會被影響。然而從實務上來說，它的影響量很微小，甚至與使用者自己的操作誤差相較，實在微不足道。如果還是在意它的腐蝕問題，可以改用輕機油或其他不會腐蝕金屬的保養油。我個人的鉋刀用 WD40 這類的輕防鏽油保養，也超過十年以上的時間，似乎也未有因防鏽腐蝕的問題而影響鉋刀的使用操作。所以要如何取捨，還是讀者自己下決定吧！

上述是西式鋼鉋通用的保養方式，後述的鉋刀除非有某些特例，不然就不再重複贅述。

第四章 Low-Angle Jack Plane 低角度長鉋

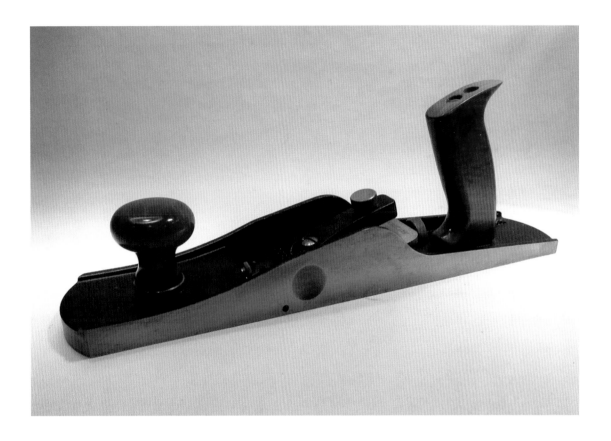

歐美的木工藝師一般認為 Jack Plane 是買鉋刀的第一首選，因為 Jack Plane 的長度約有 35 至 38 公分，由於鉋台較長，能夠將木料刨得更平。加上西方人的體格高大，Jack Plane 的重量對他們來說，算是小兒科。然而對身材較矮小或手臂力較弱的人而言，若只有一支鉋刀的預算，不妨考慮買 Smooth Plane 會比較輕鬆。實際使用上，先經 Jack Plane 刨平，再用 Smooth Plane 細刨的觸感，會比單純只用 Smooth Plane 刨過的木板摸起來更平坦，更細緻。Low-Angle Jack Plane 一樣可以配合不同的刀片來刨平板面，也可以用來刨端面，或配合 Shooting Board 來使用。一樣有 25° 的低角度刀片、38° 的中角度刀片、50° 的高角度刀片及齒狀刀片 (Toothed Blade)。鉋台的壓角是 12 度°，長度 15 英吋〈約 38.1cm〉，寬 2-3/4 英吋〈約 6.99cm〉，刀片寬度 2-1/4 英吋〈約 5.72cm〉；重量 5lb 12oz〈約 2.608kg〉。

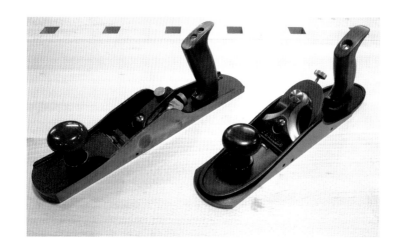

Jack Plane 一 樣 有 Bevel-Up 與 Bevel-Down 兩種款式，圖左的左側那支為 Bevel-Up 鋼鉋，圖左的右側那支為 Bevel-Down 鋼鉋。

旋鬆壓鐵固定螺栓，即可取下壓鐵。

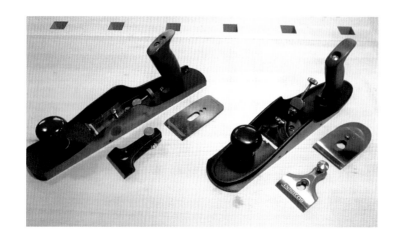

取出刀片，可以見識到兩者的差異。

圖 右 是 Bevel-Up Jack Plane 的鉋床。

圖左為 Bevel-Down Jack Plane 的鉋床。

兩者的前台板設計也不同，左側是 Bevel-Down Jack Plane，右側則為 Bevel-Up Jack Plane。

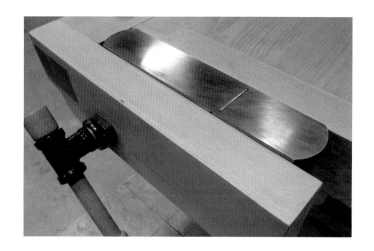

Jack Plane 與 Joint Plane
的前台板較長,可以翻
過面夾在虎鉗上來使用。

操作的時候,壓住木
料,由前台板往誘導面
後端推送。要注意手指
必需儘量遠離刀片,才
不會受傷。

推送木料過程,要注意
速度與力量的穩定,多
練習幾次就可以上手。

第五章 Small Low-Angle Smooth Plane 低角度小細鉋

Small Smooth Plane 的長度只有 9 英吋〈大約 23cm〉，比 Smooth Plane 略短小。重量只有 2lb 12oz〈約 1.247kg〉，刀片的寬度是 2-5/16 英吋〈約 4.5cm〉，相當的輕巧，很適合女性或年長手臂力弱的工作者來使用。鉋台的前緣仿照 DX60 Block Plane 改成圓頭，對於左右手施力不均的使用者而言，可以避免木料表面產生刮痕。這個改良讓新手更容易上手。

鉋台的壓角是 12°，長度 9 英吋〈約 22.86cm〉，寬 2 英吋〈約 5.08cm〉，刀片寬度 1-3/4 英吋〈約 4.45cm〉；重量 2lb 12oz〈約 1.247kg〉。

鉋台的前緣改成圓頭，對於左右手施力不均的使用者而言，可以避免木料表面產生刮痕。

鉋刀的結構很簡單，只有斜面朝上的刀片，加上壓鐵，和 Low-Angle Smooth Plane 的結構一樣。

取下前把手，可以看到前台板及刀口控制螺栓。

第六章 Jointer Plane 接縫鉋

主要用來刨削大面積的板料或拼板。

圖上這支 Low-Angle Jointer Plane 的鉋台壓角是 12°，長度 22 英吋〈約 55.88cm〉，寬 2-7/8 英吋〈約 7.3cm〉，刀片寬度 2-1/4 英吋〈約 5.72cm〉；重量 7lb 8oz〈約 3.402kg〉。

這支 Joint Plane 是 Bevel-Up 鉋刀，結構很簡單。低角度的鉋台、斜面朝上的刀片，加上壓鐵，與 Low-Angle Smooth Plane 的結構完全相同。

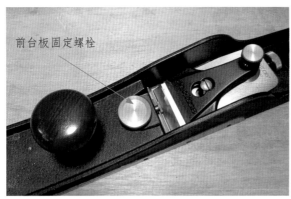

前台板固定螺栓

由於鉋刀較長，所以前台板的固定螺栓與前把手分為兩部份。

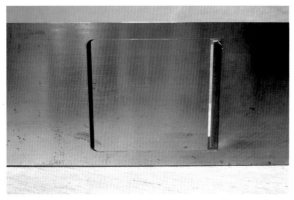

前台板呈方型。

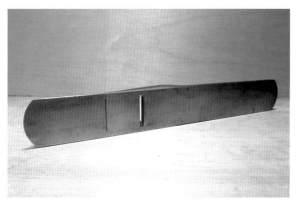

整支鉋刀的誘導面很長，可以刨出直又平坦的面。

這支 Jointer Plane 與前面那支不同，是 Bevel-Down 的刀片。

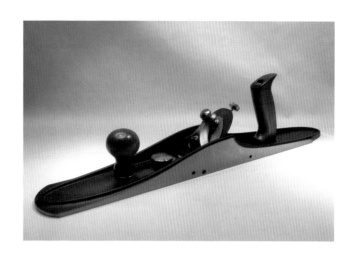

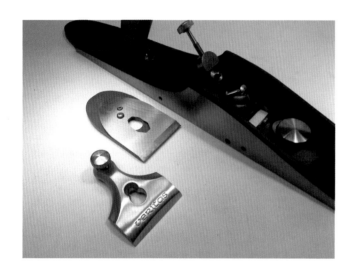

刀片的上面另有一片 Cap Iron。

鉋床有高角度、中角度與低角度三種可以替換，圖右為中角度鉋床。

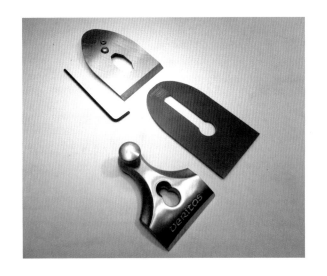

鉋刀的刀片利用內六角
螺絲鎖定。

Cap Iron 內面有一個刀
片固定器。

刀片固定槽底端的圓槽
掛入刀片固定器。

將刀片往前推到定位，
然後把六角螺絲鎖緊即
可。

刀片設定完成後之狀
態。

前台板呈圓弧型，與
前者不同。

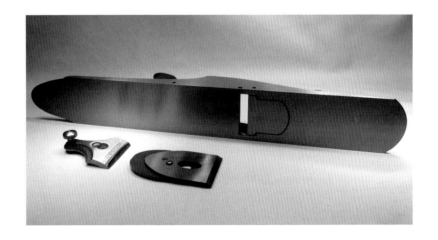

Jointer Plane 與 Jack Plane 的鉋台較長，用來刨短木料，也很方便。

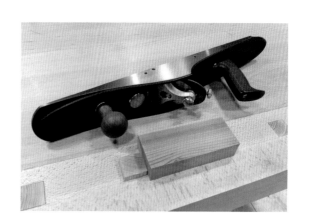

起刨的時候，刀片在木料的後方，前握把則壓緊木料。

推進過程，木料被前把手及推把緊緊壓住。

刀片推出木料後，木料仍然被推把壓住。整個過程，木料都被誘導面穩穩壓住，完全不會滑動。

第七章 Block Plane 小鉋

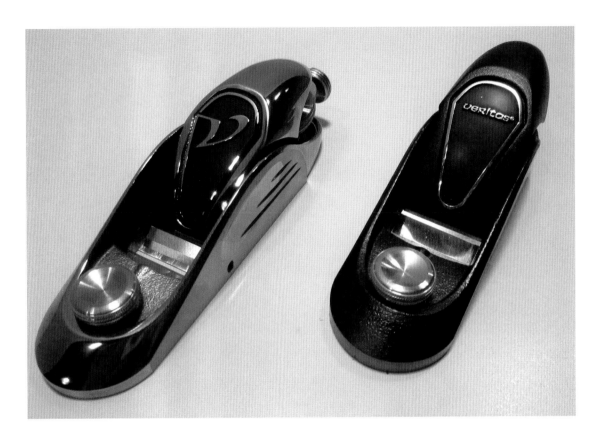

Block Plane 的款式有很多樣，這兩款 DX60 及 NX60 Block Plane 是 Veritas 公司的產品，鉋身比一般的 Block Plane 略窄，以東方人的手握起來很順手。它的外觀線條柔和優美，有強烈的現代感。前台結構呈圓弧形，不會有傳統 Block Plane 不小心將木料壓出凹痕的問題。

鉋台的壓角是 12°，長度 6-5/8 英吋〈約 16.83cm〉，寬 1-3/4 英吋〈約 4.45cm〉。刀片寬度 1-3/8 英吋〈約 3.49cm〉，刃角研磨成 25°。鉋刀的重量 1lb 12oz〈約 0.794kg〉。

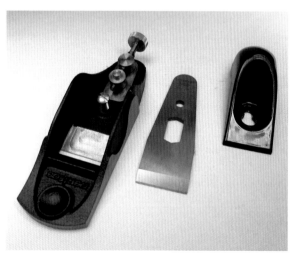

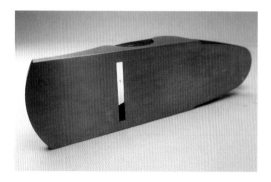

Apron Plane 是 一 支 小 號 的 Block Plane，通常沒有可調整刀口寬度的前台板，尺寸很符合東方人的手掌大小，價格又比一般的 Block Plane 便宜，是一個不錯的選項。

一手壓緊鉋台前端，另
一手旋鬆鉋刀後端的壓
鐵鈕，即可取下壓鐵。

往上抬起刀片。

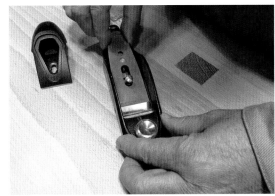

取下刀片。

如此即為拆卸刀片的方
法。

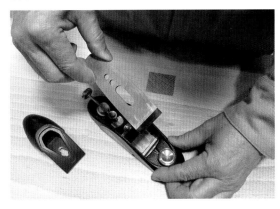

安裝刀片時，依相反程
序，然後旋緊壓鐵鈕即
可。

Block Plane 可以用單手或雙手操作。單手操作的時候，掌心頂在握把，食指按住前握鈕，其餘手指分握鉋刀兩側，然後推進鉋刀。

雙手推進鉋刀的時候，一樣掌心頂住握把，拇指與其餘四指分握鉋刀兩側，另一手的手指則握住前握鈕，然後推進鉋刀。

雙手推進鉋刀的時候，前手也可以改扶在鉋刀側邊來操作。

第八章 Skew Block Plane 斜刀小鉋

Skew Block Plane 與 Block Plane 類似，只是它的刀片是斜角，而非如一般鉋刀的刀片是平直的。鉋刀前端附有木製的握把，比 Block Plane 更好握、更便利操作。鉋刀側面附有劃線刀片，可以在刨削過程，先劃斷木纖維，刨橫斷木理的半槽特別好用。低角度鉋台配合 15° 斜角的刀片，同時附有可調整的依板，讓這支鉋刀本身除了具備 Block Plane 原有的功能外，還具備 Skew Rabbet Plane 的製作半槽功能。

Skew Block Plane 鉋台的壓角是 12°，長度 6-3/8 英吋〈約 16.19cm〉，寬 1-3/4 英吋〈約 4.45cm〉，刀片寬度 1-1/2 英吋〈約 3.81cm〉。

鉋刀一側前端，有一偏心圓的劃線刀片，要刨半槽的時候，可以將刀片調轉下來，先切斷木理，然後再刨除木料。

鉋刀另一側可以安裝依板，方便刨半槽時調整距離。

Skew Block Plane 的刀片與一般 Block Plane 的刀片不同，刀刃成 15°的斜角。

當作 Block Plane 來用：

要刨板料側面呈直角，可以裝上依板後，調整依板鎖鈕到適當位置靠緊木料邊緣來刨削。

當作 Rabbet Plane 來用：

Rabbet Plane 是用來刨半槽的鉋刀，刨削的過程是先利用劃線刀片割斷木纖維，再以鉋刀的刀片刨掉廢料來做出半槽。使用時，需先轉鬆前端的固定螺栓，來調整劃線刀片的深度。

接著轉動劃線刀片，讓刀片略凸出於鉋刀誘導面。

將依板調到定位。

劃線刀片略凸出刨刀的誘導面

刨的時候，依板要緊貼木料側面，逐次刨到需要的半槽深度。

刀片研磨:

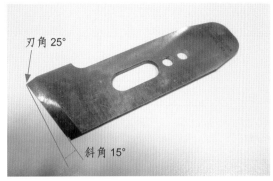

刀片的斜角是 15°,刀角則研磨成 25°。

研磨斜角的刀片,可以使用 Veritas 牌的 Mk.2 磨刀器,配合它的 Skew Registration Jig 來使用。

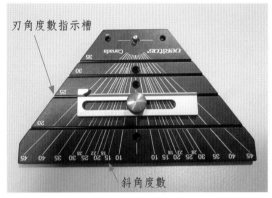

刃角度數指示槽

斜角度數

刀片要夾緊在磨刀器中央。

刀片置於磨刀器中央

拆下 Jig,就可以按照一般磨刀的方法將刀片磨銳利。

第九章 Shoulder Plane 榫肩鉋

榫肩鉋 (Shoulder Plane) 的主要功能是修飾榫頭的榫肩與榫頰。

Large Shoulder Plane 主要用來鉋削方榫的榫肩與榫頰。由於鉋刀的寬度較寬，可以大量且快速的清除廢料，是相當有效率的工具。可調式虎口卡鈕及前把手，增加許多操作的便利性。鉋台的壓角是 15° 斜面，刀片為 25° 的低角度刀片，組合成 40° 的鉋削角，即使刨削端木理，也很容易操作。

Medium Shoulder Plane 為多用途的榫肩鉋，特別適合製作直槽或橫槽接合。鉋台的壓角一樣是 15° 斜面，刀片為 25° 的低角度刀片。

Small Shoulder Plane 是一款設計成單手操作的榫肩鉋。由於鉋刀的寬度較窄，適合用來直、橫槽清底，同時也具有一般榫肩鉋的功能。鉋台的壓角也是 15° 斜面，刀片為 25° 的低角度刀片。

拆卸 Shoulder Plane 時，
先以一隻手壓住 Shoulder
Plane，再用另一隻手轉
鬆鐵螺栓。

取下壓鐵。壓鐵的造形
奇特，同時當作推把。

將刀片往上提，即可小
心取出刀片。

由於刀片前端比後端要
寬，取出刀片的時候，
要側轉刀片才行。

要調整刀口的寬度,需先旋鬆前台板固定螺栓。

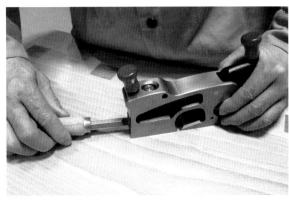

接著旋轉前台板調整螺栓,控制前台板的前進後退,以調整刀口的寬度大小。

操作時,後面的手以掌心貼緊把手,手指勾緊鉋刀;前面的手以虎口頂住前把手,五指握住鉋刀前端。刀片的出刃不要太多,比較好推進;同時要記得「腰動手送」的口訣推動鉋刀。

Shoulder Plane 的前台板也可以拆下來,當作 Chisel Plane 來使用。

修桙的時候，刀片推進的方向是橫斷木理，有幾種方式可以避免末端劈裂的情形發生。第一種方法是先把末端的木料用鑿刀先剔除。

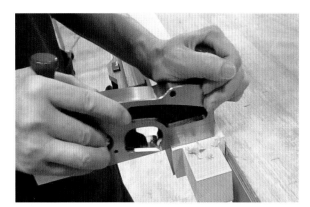

第二種方法是先從木料一端刨到一半，再從另一端再刨回來。

第三種方法是在末端夾一塊廢料，也可以達到防止劈裂的效果。

中型或小型的榫肩鉋也可以單手操作。

刀片研磨：

榫肩鉋的刀片前端較寬，後端較窄。所以量刀片寬度的時候，用游標卡尺夾住刀片前端來量出刀片寬度。

刀片的研磨角度為25°。

刀片的前端及側面要頂住治具。

然後按照一般鉋刀研磨的方式將刀片磨利。

第十章 Bullnose Plane 鑹鉋

Bullnose Plane（鑹鉋）亦稱牛鼻鉋，一般被歸類在 Shoulder Plane 家族。由於前面的鼻子較短，雖具有 Shoulder Plane 的功能，刨榫肩或榫頰時，並不如其他 Shoulder Plane 好用。但是它另一個的「Chisel Plane」功能，卻是其他 Shoulder Plane 很難取代。尤其要修飾家具內部的稜稜角角，或是要清除溢膠，它的嬌小體積就非常好用。

Small Shoulder Plane 鉋台的壓角是 15°，長度 4-3/4 英吋〈約 12.07cm〉，寬 1 英吋〈約 2.54cm〉，刀片寬度 1 英吋〈約 2.54cm〉；重量 1lb 5oz〈約 0.595kg〉。

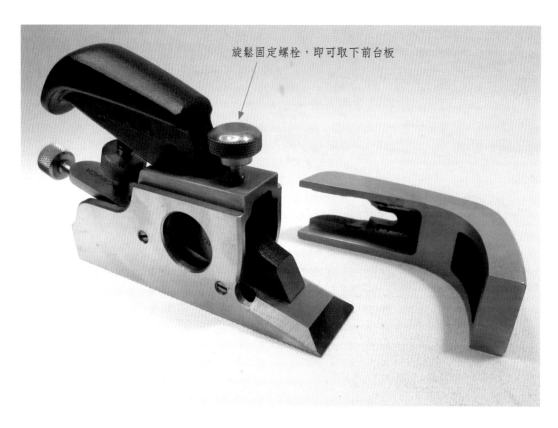

旋鬆固定螺栓，即可取下前台板

旋鬆壓鐵螺栓，即可取下壓鐵把手及刀片

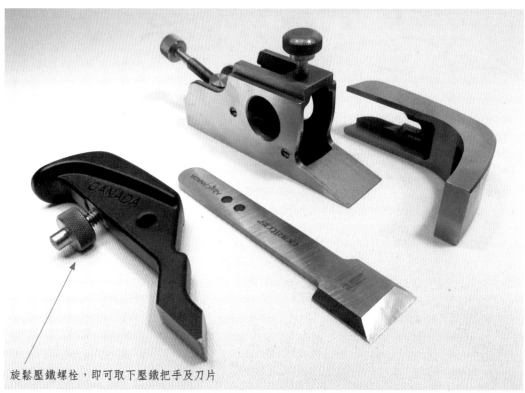

鏟鉋用單手操作，食指壓在前端凹口，中指勾住側面圓孔，用掌心推動鉋刀。

當 Chisel Plane 來用時，出刀量不要太多，慢慢地剔，效果比較好。鉋刀可以正側兩個方式來使用。

刀片研磨：

與第九章 Shoulder Plane（榫肩鉋）的方法相同，磨刀器的滾輪用圓筒狀滾輪，刀片不必倒圓角。

第十一章 Chisel Plane 鑿鉋

Chisel Plane（鑿鉋）的主要用途和 Bullnose Plane 相似，主要用來修飾家具的稜稜角角，或是要清除溢膠。

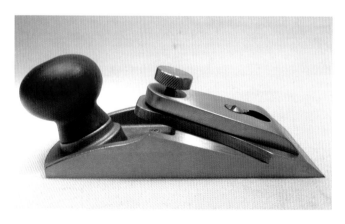

小支的 Chisel Plane 只需單手就可以使用，但是大支的 Chisel Plane 一樣需用兩隻手來操作。

刀片研磨，與第三章 Low-Angle Smooth Plane（低角度細鉋）的方法相同，只是磨刀器的滾輪用圓筒狀滾輪，刀片不必倒圓角。

第十二章 Low-Angle Spokeshave 滾鉋

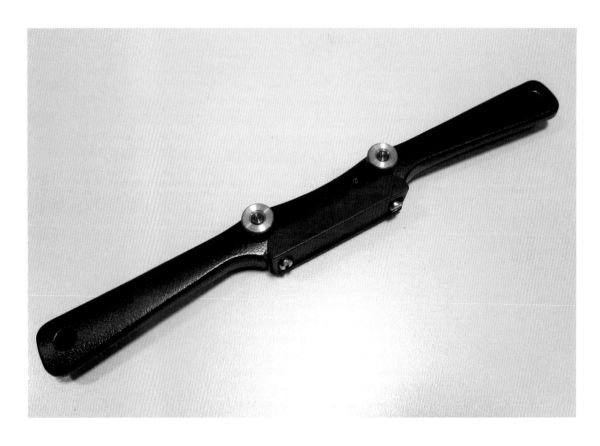

Low-Angle Spokeshave 中文稱為滾鉋或香蕉鉋。早期的滾鉋，都是木質製品，後來因為製作成本，就有金屬製品問世。現在更是因精確度與耐用的考量，有許多優質的金屬製滾鉋出現。

滾鉋的刀片一般研磨成 25°，前方的前台板可上下翻轉拆裝，供平面、凸弧或凹弧等不同的用途。

装卸刀片，首先要放鬆或鎖緊兩側的銅螺栓。

推進或後退刀片，即可控制刀片與前台板的間隙。

前台板

放鬆前台板固定螺栓，然後升降前台板，即可控制刨削的厚薄。調整完成，記得鎖緊前台板固定螺栓。

前台板固定螺栓

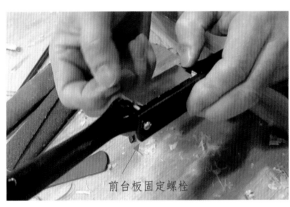

刨削時，依照木料的木理，來決定往回拉刨或是往前推刨的方式。

凸面或平面的木料，滾
鉋的誘導面用長誘導
面，由最高點往兩側低
點刨削。

長誘導面

凹面的木料，滾鉋用
短誘導面，由兩側最
高點往中間低點刨削。

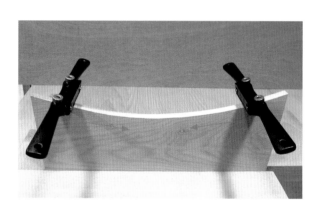

短誘導面

刀片研磨：

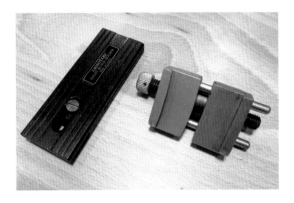

滾鉋的刀片很短、很窄，不容易徒手握持，若利用 Veritas 製的磨刀輔助器，配合一般的磨刀器，可以讓磨刀變簡單。

磨刀輔助器的背面有兩粒強力吸鐵，可以將滾鉋的刀片穩穩吸住，刀片頂端靠緊磨刀輔助器，可以避免磨刀過程刀片滑動。

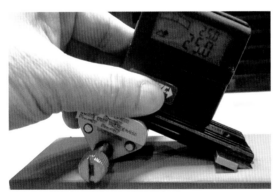

刀片的刃角研磨成25°。

架好刀片，即可按一般磨刀的程序將刀片研磨銳利。

第十三章 Spokeshave 南京鉋

Spokeshave 俗稱南京鉋，有好幾種樣式，主要用來細刨柱腳、把手、欄杆、扶手、樂器或木匙等小件。有幾種款式，一種是平口刃配平誘導面，用來鉋平面或凸面；一種是平口刃配弧狀誘導面，用來鉋凹面；還有一種是凹口刃配凹狀誘導面，用來鉋圓柱或圓棒。

南京鉋的切削角與滾鉋不同，南京鉋的切削角是 45°，而滾鉋的切削角為 25°。刀片的裝法也不同，南京鉋是刀片斜面朝下安裝，滾鉋則是刀片斜面朝上安裝。

這一款是較小支的南京鉋，
可以刨平面、凸面與凹面。

這一款是一般尺寸的南京
鉋，刀片上端兩側的銅螺
栓，可以微調刀片的出刃。
刀刃是平口刃，配平誘導
面，用來鉋平面或凸面。

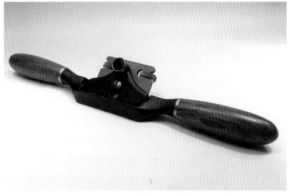

這一款的刀片是平口刃，
配合弧狀誘導面，用來鉋
凹面。

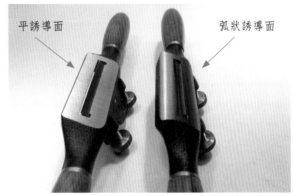

平誘導面　　　　　　　　弧狀誘導面

這一款的刀片是凹口刃，
配合凹狀誘導面，用來鉋
圓柱或圓棒。

使用法：

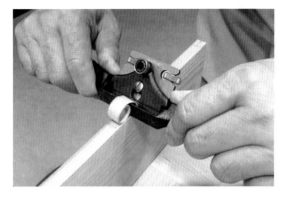

平口刃的平誘導面南京鉋，鉋平面的時候，誘導面貼緊木料，順著木理推進或拉回。

由最高點往低處推進或拉回

平口刃的平誘導面南京鉋，鉋凸面的時候，誘導面貼緊木料，由最高點往低處推進或拉回。

由兩端的最高點向中間的最低點推進或拉回

平口刃的弧狀誘導面南京鉋，鉋凹面的時候，誘導面緊貼木料，由兩端的最高點向中間的最低點推進或拉回。

凹口刃的凹狀誘導面南京鉋，鉋圓弧或圓棒的時候，從方柱的直角先刨起，比較容易。但一樣要注意正逆木理的問題。

刀片研磨：

南京鉋的刀片研磨刃角為
35°。凹口刃的南京鉋可以
利用直徑 5cm 的木棒或塑
膠管，用雙面膠貼上水砂
紙當研磨棒。粗磨可以用
#220、#400；中磨可以用
#600、#1000；細磨則用
#1500、#2000。

研磨的時候，刀片平放在
桌緣，刀刃的斜面朝上並
凸出桌緣，用一隻手壓住
刀片，另一隻手握住研磨
棒，貼緊刀刃斜面研磨。

平口刃的南京鉋刀片，可以利
用 Mk.2 磨刀治具來研磨，研
磨方法請參考第三章說明。

第十四章 Card Scraper 刮板

刮板 (Card Scraper) 本來不屬於鋼鉋的範圍，但是與刮鉋一樣，是很常用的工具，價格不貴但非常好用，尤其較細微處或逆木理的地方，可以很仔細的刮平。缺點是刮久了手會酸，而且鋼板很燙。若不想買刮鉋 (Scraping Plane)，可以用刮板 (Card Scraper)，熟練了使用技巧就會覺得這項器材非常好用。

刮板除了像前頁用來刮平面的刮板，還有如圖右用來刮凸面或凹面的刮板。刮板也可以按自己需求用鋼片自製。例如舊鋸片，用平面砂輪機去掉鋸齒，然後磨出自己需求的型，就可以當刮板。

圖左是用來刮圓溝的刮板，有不同的直徑。

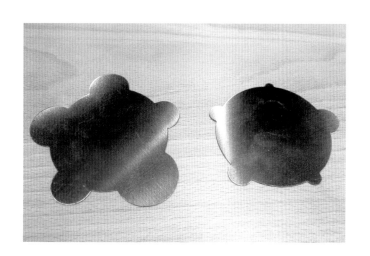

圖右是用來刮圓柱的刮板，一樣有不同的直徑。

厚刮板的簡易整理法與用法：

刮板平放桌面，用金工銼
刀銼平兩面。

將刮板夾在虎鉗上，用銼
刀先銼平，再銼出倒角刃
約 10~15°。

刮板微向前傾斜，雙手拇
指由刮板後面頂住，向前
推進刮板。刮板的傾斜角
度，因銼出的倒角而異，
可以刮出細屑就行。若用
到只能刮出細粉，就須按
前述動作重新倒角。

刮板的一般整理法：（可以整理厚或薄刮板）

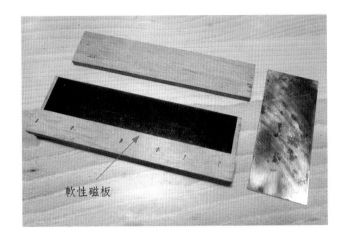

軟性磁板

厚刮板可以直接夾在虎鉗上整理，薄刮板則需利用治具夾緊，夾在虎鉗上整理的時候，才不會扭曲晃動。

先用銼刀銼平刮板側面，再將刮板放在軟性磁板上，然後放上一片夾板。

將夾好刮板的治具夾在虎鉗上。

用銼刀先銼平。

先 把 Burnisher 平 放，
壓住刮板前後滑動滾
平。

將 Burnisher 放 斜， 壓
住刮板前後滑動，滾出
倒角刃約 10~15°。

第十五章 Scraping Plane 刮鉋

刮鉋是中式手工具較少被提及的器材，但是在西式手工具卻很常用的工具。主要用來取代砂布機，一般是在細鉋刨平木料後才使用，而不是用來直接取代細鉋。分為大刮鉋 (Scraping Plane)、中刮鉋 (Cabinet Scraper) 及小刮鉋 (Small Scraping Plane)。大刮鉋 (Scraping Plane) 的特點是具有刮片的角度調整螺栓，由於底面很大可以確保工作物平坦及舒適的長時間操作。缺點是價格比較高，但仍是不錯的選項。鉋台的長度約 24.13cm，寬約 9.53cm，刀片寬度約 7.3cm；重量約 1.814kg。

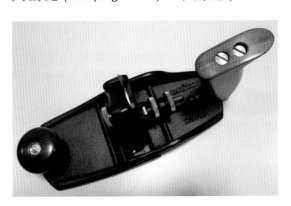

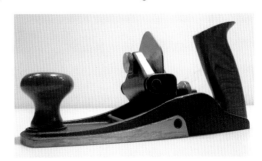

Small Scaping Plane 主要用來局部修整。後方的黑色把手，可以左右調整角度。鉋台的長度約 13.3cm，寬約 5.08cm，刀片寬度約 5cm；重量約 0.68kg。

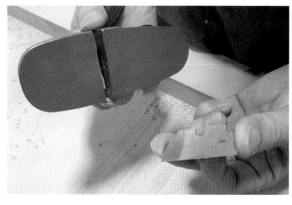

刀片安裝的方法，是由鉋台下方向上插入，然後鎖緊壓鐵螺栓即可。操作的時候，掌心握住把手，向前推進。

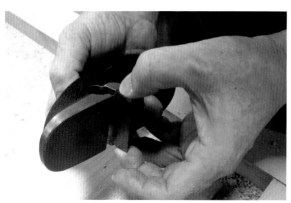

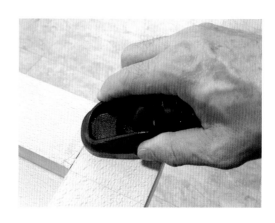

要裝卸刀片的時候，先
要旋鬆固定螺栓。

接著就可以取出（或裝
入）刀片，刀片的斜面
要朝後。

要調整刀片的角度，需
先旋鬆最後面的銅螺帽。

然後調整前端的螺帽到
需求的角度，再旋緊最
後端的螺帽。

最後旋緊固定螺帽，即
完成裝置刀片的程序。

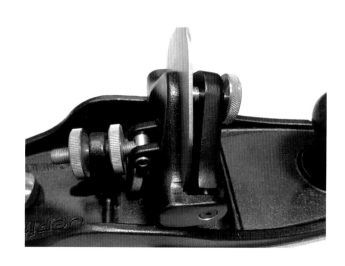

刀片研磨：

大刮鉋的刀片，可以利
用 Mk.2 磨刀器，只是
磨刀石要用 72mm（或
更寬）的寬度。研磨角
度為 45°。

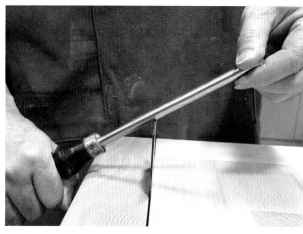

磨利刀片後，再用滾棒
滾出倒角 (Burr)。

（小刮鉋的刀片研磨法，可以參考第 12 章 滾鉋的刀片研磨法。）

第十六章 Small Plow Plane 直槽鉋

Plow Plane（直槽鉋）主要是用來刨貫穿直槽或貫穿橫槽。以刨貫穿槽而言，Plow Plane 的效果比 Router Plane 好且速度快，但是無法用來刨止槽。此外，也可以做出直槽或橫槽搭接的凸榫，以及小的半槽或直線的花條。Varitas 公司製作的這一款 Small Plow Plane，是很好用的直槽鉋，有分左手與右手，刀片分為公制與英制兩種。

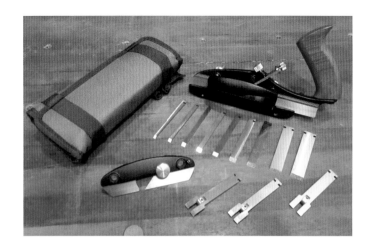

這是右手的 Small Plow
Plane 配上整組的公制
刀片,包括刀片的收藏
袋。

裝刀片時,先旋鬆壓鐵
固定鈕,再裝入刀片。
刀片上端的卡槽,要卡
住刀片調整鈕的卡板。
側邊的刀片引導鈕則需
輕輕的夾住刀片,以不
妨礙進退刀片又不會讓
刀片左右晃動為度。

刀片卡槽要卡入卡板

刀片引導鈕要夾住刀片

操作的時候,右手握住
把手,左手扶住依板把
手,推進鉋刀。

開始刨槽的時候，先從前端刨起，然後逐漸後退。（如圖右藍線所示）至完全刨出貫穿淺槽後，就可以每次都從一端刨至另一端，直至深度擋板碰到木頭面為止。

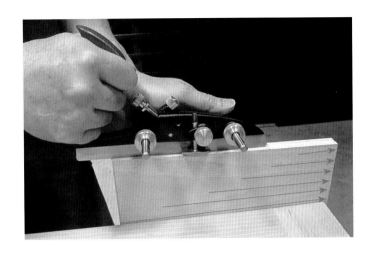

刨貫穿槽的時候，鉋刀的誘導板置於貫穿槽內，依板緊靠在木料的一側推進鉋刀。槽的深度則由另一側的深度擋板來控制。

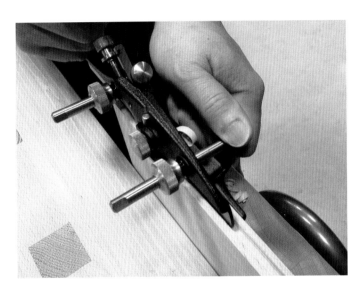

刨舌槽的凸榫時，鉋刀的誘導板則置於凸榫一側，依板則緊靠在木料的另一側推進鉋刀。槽的深度則由刀片中央凹縫的深度擋塊來控制。

刀片研磨：

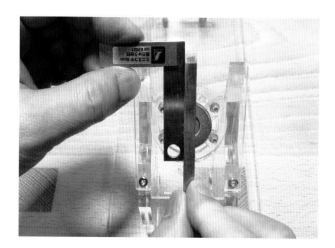

直槽鉋的刀片，可以用 Mk.2 磨刀器或這一款「超精密研磨」治具來磨。架刀的時候，用小角規來定出刀片的垂直。

用內六角板手調整研磨角度，將刀片刃口研磨成 35°。

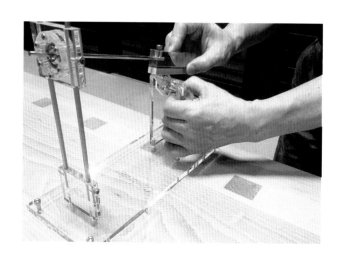

研磨的時候，一手按住刀片，另一手抓住砂紙棒前後推動研磨。

第十七章 Side Rabbet Plane 槽邊鉋

這支 Side Rabbet Plane 是 Veritas 公司重新設計的新產品,外型與傳統的 Side Rabbet Plane 有很大的差異,操作上更加符合人體工學。它是一支特殊用途的 Plane,用來削薄長槽的側牆。也就是說,當我們要做嵌板時,用修邊機或 Router 開好長槽,等木板要嵌進去時若發現有些許不合,通常這種情況大都會去修薄嵌板;如果有 Side Rabbet Plane 就可以只修寬長槽,而不必去理會大片的嵌板了。

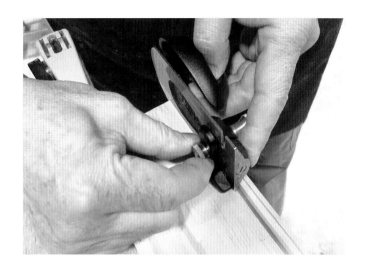

操作的時候，先將鉋刀
放入溝槽，貼緊槽邊，
然後設定深度。

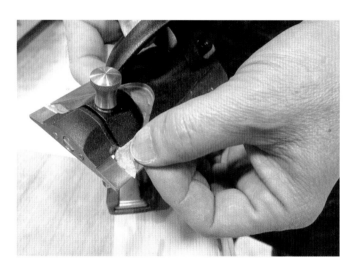

設定刀片的出刃。

薄薄的細修，還要注意
正逆木理的問題。

刀片研磨：

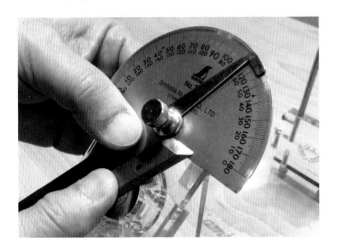

首先用分度器設定好刀
片的斜角，然後將刀片
貼緊吸鐵，刀片邊緣則
貼緊分度器。

用內六角板手調整研磨
角度，將刀片研磨成
25°。

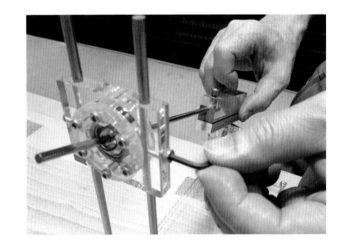

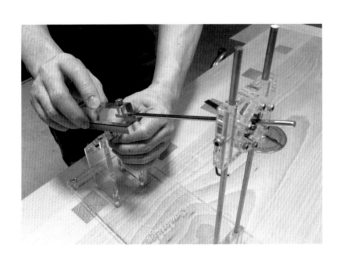

研磨的時候，
一樣是抓住
刀片，前後
推動砂紙
棒研磨即
可。

第十八章 Router Plane 清底鉋

Router Plane 是西式的特殊用途鉋刀,至今沒有一致的譯名,所以暫名之為「槽底鉋」、「清底鉋」或「起槽鉋」,主要是用來開半槽、直槽、橫槽、止槽或清底。在西式的鉋刀群之中,開直槽或橫槽,可以用 Plow Plane 或 Router Plane,半槽則用 Rabbet Plane 效率最佳,但是做止槽或清底就只能依賴 Router Plane 了。

由於 Router Plane 可以精確的設定深度,很適合用來手工清底。而且沒有木工雕刻機或修邊機的噪音與粉塵問題,對於居住在都會區公寓、大樓或不喜歡操作電動工具的木工同好,是一項很好的選擇。

清底鉋的開槽刀片分公制與英制兩種規格,公制規格的刀片有2mm、3mm、4mm、5mm、6mm等五種,配合依板用來開槽。另外,還有1/2"的直槽刀、1/2"的尖頭刀及3/4"的直槽刀,可以用來清底。

清底鉋的各部名稱圖:

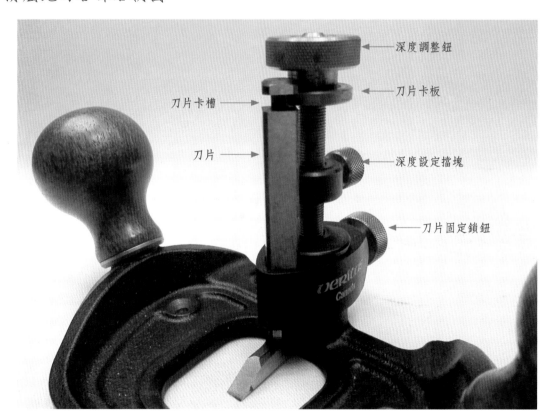

深度調整鈕

刀片卡槽

刀片卡板

刀片

深度設定擋塊

刀片固定鎖鈕

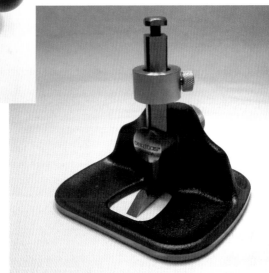

Router Plane 分大、中、小三款，大、中兩款的刀片可以互換使用，右圖即為中型的 Router Plane。

另外，還有一款類似的鉋刀 Hinge Mortise Plane（鉸鏈槽鉋）。

裝刀、歸零與深度設定:

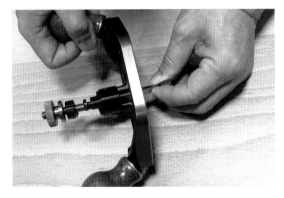

裝刀的方法,是由下方往上,刀片固定鎖鈕往前推,讓刀片穿過。

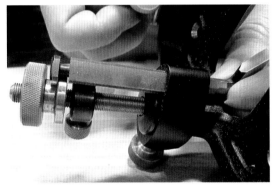

刀片穿過刀片固定鎖鈕之後,深度設定擋塊的 V 字溝要卡在刀片柱的後端,而刀片上端的刀片卡槽則卡在刀片卡板上。

歸零的時候,先略放鬆刀片固定鎖鈕,然後旋轉深度調整鈕,轉到刀片刃口接觸板面,再旋緊刀片固定鎖鈕。

刀片歸零以後,旋鬆深度設定擋塊,用游標卡尺設定好深度,再將深度設定擋塊旋緊,即可設定好深度。

止槽的做法：

止槽是兩端不慣穿的槽，常會在箱盒的底板，或是嵌板的情況使用。槽的寬度，按照板的厚度選用等寬的刀片。

首先用劃線規畫出要做的止槽。沒有劃線規，也可以改用美工刀。

接著用鑿刀將止槽兩端的廢料剔除。操作方法是，先將鑿刀刃放在止溝的端線，垂直立住鑿刀，鑿刀刀口斜面朝止槽，平的面朝外端，用槌子輕敲兩下，輕鑿出端線。

接著將鑿刀內移約 2mm，剔除一部份廢料。再回去上一動作輕鑿端線，然後一樣鑿刀再斜鑿，如此重複。

依板的固定螺栓是鎖在圓柱尾端,所以需先旋下來。

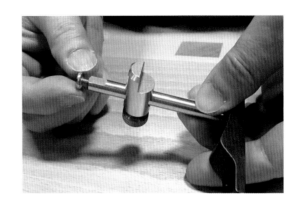

Router Plane 的兩側都有固定依板的螺栓孔,按照要刨削的方向需求,用固定螺栓鎖緊依板。固定好依板,將 Router Plane 放在止槽的位置,調整依板靠緊木板的側面,設定好依板。

操作分三個動作:

第一個動作是「略放鬆刀片固定鎖鈕」。

第二個動作是「順時針旋轉深度調整鈕約 1/4 圈」。(原廠說明書規定是每次 1/32")。

第三個動作是「重新鎖緊刀片固定鎖鈕」。

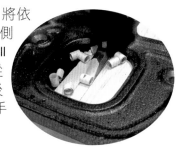

調整好刀片,將依板靠緊木板側面, 仿 Small Plow Plane 從前端逐次後退,握住把手往前推刨。

Hinge Mortise Plane 主要用來清鉸鏈槽,若配合簡單的治具,也可以快速刨削直槽。它的刀片,與 Router Plane 通用,所以可以節省一筆開銷。

由於有治具規範,所以只要按 Router Plane 的操作方式進刀刨削,非常快速。

第十九章 Scrub Plane 粗鉋

Scrub Plane（粗鉋）擅長快速刨除廢料，是備料整平時，打薄去廢料的最佳利器。換言之，整平木料的時候，首先用 Scrub Plane（粗鉋）刨除廢料，再用 Jack Plane（長鉋）或 Smooth Plane（細鉋）來刨平木料，是一項快速又有效率的方法。

Scrub Plane 的刀片呈 3 英吋半徑狀的圓弧，研磨角為 35°；寬度是 1-1/2 英吋，厚度是 3/16 英吋。由於半徑 3 英吋的圓弧刀片不同於一般的細鉋刀片，大的弧度更容易刨除廢料。

Scrub Plan 的刀片刃口呈圓弧狀，以斜面朝下的方式裝刀。安裝的時候，鉋台放在平坦的板面，將刀片斜面朝下的放入鉋刀槽中央，再裝上壓鐵鎖緊。接著調整鉋台兩側的調整螺栓，讓螺栓微接觸刀片，且不會妨礙刀片的拆卸。刀片刃口呈半徑 3 英吋的弧狀，刃口研磨成 35°。

Scrub Plane 的刀片呈 3 英吋半徑狀的圓弧，研磨角為 35°；由於是粗鉋，所以只要研磨銳利，即使圓弧或研磨角有些誤差，並不會影響它的功能。研磨可以使用磨刀石、砂紙、砂帶機及各式電動磨刀器。

整料時，以斜角橫斷木紋的方式左右交叉刨削。

刀片研磨：

研磨圓弧的刀片，使用「超精密研磨」治具最方便。只要將刀片放在台面讓吸鐵吸住，然後調整研磨角度，即可開始研磨。吸鐵台面是 45°，刀片研磨角度為 35°，所以角度設定為 45° - 30° = 10°。

另外，也可以用大水管鋸成三分之一片，用雙面膠貼上砂紙，然後手握刀片由前往後拉磨。

第二十章 Edge-Trimming Plane 直角鉋

Edge-Trimming Plane（直角鉋）主要用來將木料的兩個連接面刨成直角。整個鉋台的材質為粉末冶鋼，鉋床研磨成 12° 的低角度鉋床，斜角為 30°，無論木料側面或端面，都很好刨。

刀片厚度為 1/8 英吋，寬度為 1-1/4 英吋，所以可以刨削 1 英吋的板料。

刀片的拆裝與調整，與
Smooth Plane 類似，首
先須旋鬆壓鐵螺栓即可
取下壓鐵，然後取下刀
片。

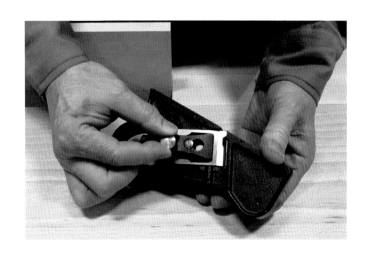

接著旋轉刀片下端的調
整螺栓，即能控制刀片
的前進、後退。

操作時，鉋刀的直角側
緣，靠緊板面，即能將
木板的側面刨出直角。

鉋刀側緣靠緊板面

第二十一章 Shooting Plane 端面鉋

Shooting Plane 主要功能是利用 Shooting Board 來刨削木料的側面與端面,同時可以刨出準確的直角。由於刀片裝置成斜角,所以可以將拉扯木理的問題降至最低。

Shooting Plane 必須配合 Shooting Board 才能完全發揮功能。而 Shooting Board 可以買現成的,也可以自己做。

鉋台的長度 16 英吋〈約 40.64cm〉,寬 2-1/8 英吋〈約 5.4cm〉,刀片寬度 2-1/4 英吋〈約 5.715cm〉;重量 7.75lb〈約 3.515kg〉。

製作 Shooting Board：

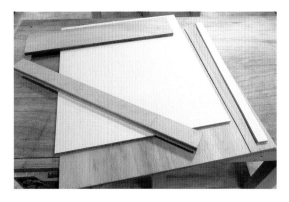

下面就示範用三夾板製作 Shooting Board 的程序：

底板及擋板用五分或六分的夾板，面板用三分的夾板，下方的止木則用寸八的角料。

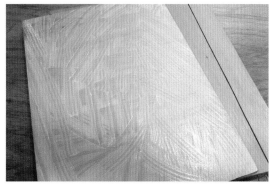

首先用圓鋸機將底板鋸出排屑溝，再把上板背面塗上膠。

接著將上板釘在底板上，上板右緣遮蓋排屑溝約 1mm。

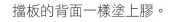

擋板的背面一樣塗上膠。

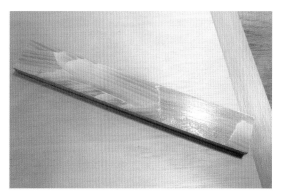

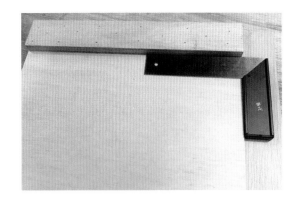

釘擋板的時候，一定要確認擋板與上板右緣呈直角。

底板下方的止木，一樣塗上膠釘牢即可。

止木可以用虎鉗夾緊固定，也可以單單靠在工作台邊緣來使用。排屑溝則是防止木屑影響 Shooting Plane 的推進。

操作 Shooting Plane 時，木板靠緊擋板，用手頂住壓緊。木板的刨削面則靠住 Shooting Plane 的前台板，然後推進鉋刀。

超小木料刨削法：

Shooting Plane
很適合用來刨削
超小的木料，只
需要一片小夾板，
鋸一個缺口，長寬比
要刨的木料略短、略窄，
當作擋板。

操作的時候，先將鉋刀的
刀片拉到木料後端，木料
頂緊 Shooting Board 的擋
板，同時緊貼鉋刀的前台
板。

接著用前述的小夾板擋板
頂緊木料，就可以很容易
刨削超小的木料，而且不
用擔心會刨到手。

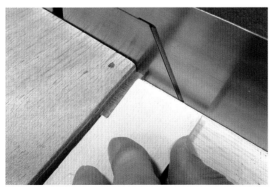

刨端面，只需將超小的木
料打橫，用小擋板頂緊，
一樣很容易刨削。

第二十二章 Detail Rabbet Plane 小槽鉋

這款 Veritas 的 Detail Rabbet Plane，樣子好像特小號的 Shoulder Plane。主要用來修飾清理溝槽或半槽的底部；配合 Side Rabbet Plane，可以解決溝槽的清理或修飾的問題。這款 Detail Rabbet Plane 共有六個規格，分別是 6mm、8mm、10mm、1/4"、5/16" 及 3/8"，用來清理不同寬度的溝槽。刀片是 O1 鋼片，磨 30° 斜度；鉋台則是 15°，合起來是 45°。它的體積雖然很小，但是人體工學的設計很好，握起來很舒服。

拆裝與調整：

首先轉鬆上端的壓鐵螺
栓。（若只是調整刀片
的出刃多寡，可以省略
後續動作，逕自調整。）

卸下壓鐵螺栓。

由鉋刀的右側向左推出
刀片。

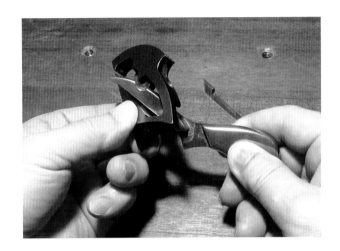

壓鐵握柄先向下移，然後逆時針旋轉握柄。

握住壓鐵握柄向後即可取下來。

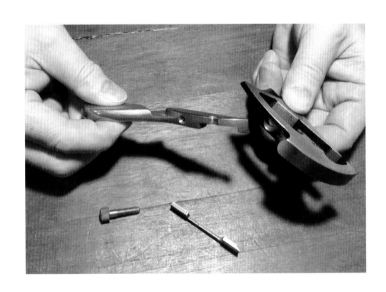

相反的順序，就可以重新裝起來。

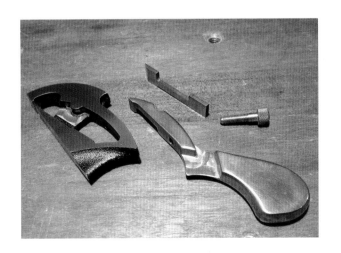

小槽鉋可以像 Bullnose
Plane 用來清底、除膠；
也可以如圖右，架一支
直木條，用來刨貫穿直
槽。

刀片研磨：

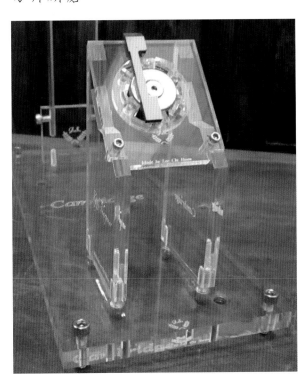

小槽鉋的刀片很小支，
用「超精密研磨」治具
來磨刀最方便。只需將
刀片吸附在治具的刀架
上，調整好研磨角度，
即可快速研磨。

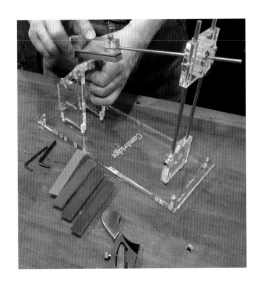

第二十三章 Detail Palm Plane 掌中鉋

這一組是 Varitas 的 Detail Palm Plane，一支凹底、一支平底，一支凸底及一支雙頭凸底。刀片寬度是 3/8 英吋，手柄高度可以調整。

刀片的研磨角度為 30°，凸底、雙凸底及凹底的圓弧均為 11/16 英吋。

拆裝與調整：

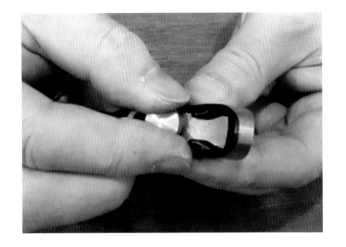

掌中鉋的拆卸調整方式有
一點不太一樣，它的壓鐵
螺栓是反牙，逆時針旋轉是
鎖入，順時針旋轉是鬆開。
刀片是依靠壓鐵螺栓頂高
來固定，所以要拆裝調整
刀片需先逆時針降下螺栓。

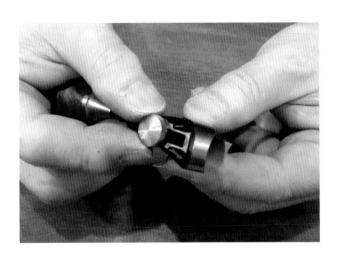

接著將刀片往前推，讓刀
片上端的大圓孔與壓鐵螺
栓的頂高環
對齊。

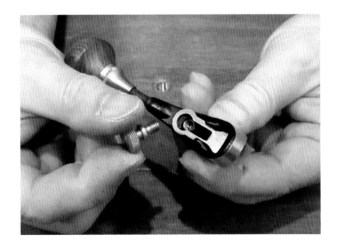

再順時針旋轉壓鐵螺栓，
就可以取下壓鐵螺栓。

接著就可以取出刀片。
（安裝刀片依相反步驟
進行，須注意刀片是斜
面朝下。）

使用法：

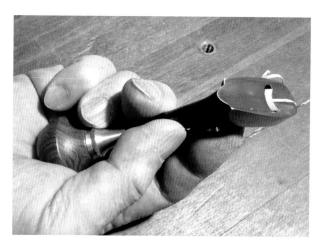

掌中鉋的用法很簡單，
只需將木圓把放在掌
心，以食指壓住鉋刀來
操作。

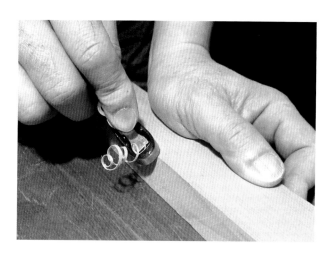

使用的時候以食指壓住
鉋刀，手掌施力推進鉋
刀。

手柄長度的調整方法：

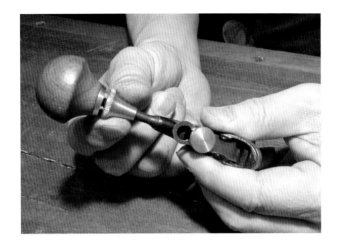

手柄可以按照每個人的
手掌大小調整長度。調
整的方法很簡單，首先
轉鬆木柄下方的螺栓。

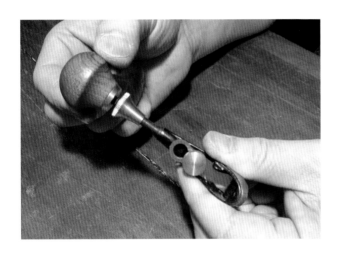

其次旋轉木柄，調整到
合適的長度。

最後，再旋轉木柄下方
的螺栓，與木柄緊緊的
鎖在一起就行了。

整個調整過程可能會試
好幾次，才會找到最舒
適的長度，這是難免
的。

第二十四章 Instrument Maker's Plane 樂器用迷你鉋

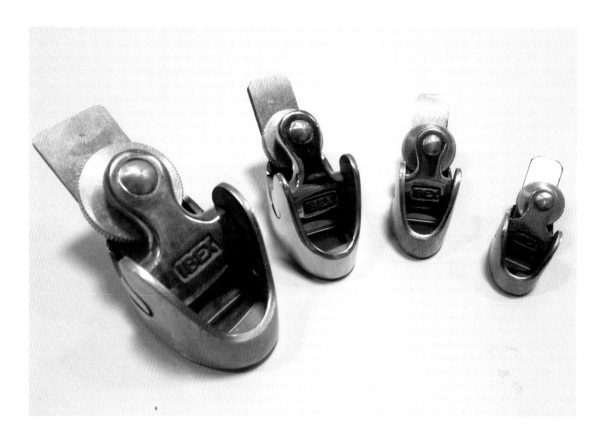

製作小提琴或其他樂器，常會使用一些特殊的小鉋刀。這些鉋刀很小支，很可愛！這一組銅鉋刀，刀片寬度分別是 8mm、10mm、12mm 及 18mm。以小提琴製作來說，算是中大型的小銅鉋；以細木作來說，卻是小鉋刀。

拆裝、調整與使用:

拆裝刀片的方式很簡單,
只要旋鬆壓鐵螺栓,即可
抽出刀片。

要安裝刀片時,刀片斜面
朝下,從壓鐵螺栓下方插
入,然後鎖緊壓鐵栓就行
了。

要調整刀片的出刃,與
一般鉋刀的方法相
同,略放鬆壓鐵
螺栓,然後翻轉
鉋刀,再目視調
整刀片,最後重
新鎖緊壓鐵螺栓。

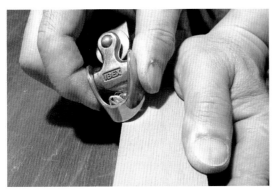

使用的時候,以拇指及食、
中指分別握緊鉋刀兩側推
進即可。

第二十五章 Pullshave 拉鉋

主要用來刨削椅面等的凹弧面或曲面，功用很類似 Windsor Chair 的傳統工具「Travisher」。前端的圓把，及後端的拉柄設計，讓整個拉鉋很容易操作。

刀片 1/8 英吋厚，鉋台的刀口為 3-1/2 英吋的弧面，鉋床為 45°。

拆裝與調整：

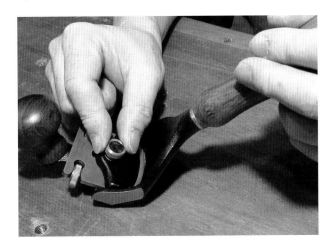

要拆除刀片，需先鬆開壓
鐵螺栓，即可取下刀片。

裝刀片則是相反順序步驟，
刀片斜面朝下來安裝。

旋轉刀片上方的兩個螺栓，
可以調整控制刀片的出刃。

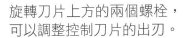

拉鉋的用法：

使用拉鉋的時候，一手握
住握把，另一隻手握住前
面的木圓鈕，鉋刀底面平
貼木料，往後拉刨。

刀片研磨：

刀片的刃角研磨角度為
35°，刃口為 2-1/2 英吋的弧
面。研磨一樣使用「超精
密研磨」治具，先將刀片
吸附在磨刀架上，然後調
整研磨角度，即可磨出完
美的圓弧刃角。

當代木工藝術研習所　簡介

當代木工藝術研習所，位居台北市中心，公車、捷運四通八達；工坊占地二百多坪，教室寬敞舒適，木工機具設備齊全，教師群均從事木工專業領域多年，是一個學習木作榫卯結構及木工車床技藝的優質場所。

喜愛木工 DIY 的朋友，以及家具設計、室內設計、產品設計的專職人士，可以依照興趣、專業的不同需求，選擇〞鳩尾榫箱盒班〞、〞方榫家具班〞、〞木工車床班〞及〞自由創作〞課程，休閒、進修兩相宜。

- 營業地址：台北市光復北路 11 巷 44 號 B1「財經年代」大樓
- 營業時間：週一、二、五、六、日，PM1:00 至 PM7:00
- E-mail 信箱 ： chinesewoodworking2013@gmail.com
  FB 臉書粉絲專頁 ： https://www.facebook.com/chinesewoodworking
  Google Blog 谷歌部落格 ： http://chinesewoodworking.blogspot.tw
- 客服專線 ： (02) 2742-5386

作者簡介

陳秉魁

現任 "當代木工藝術研習所"
木工 DIY 教學課程 總教師

http://chinesewoodworking.blogspot.tw
https://www.facebook.com/chinesewoodworking
chinesewoodworking2013@gmail.com

2015年
出版第三本個人木工著作
"當代木工DIY入門-新版西式鋼鉋一點通!"

2013年
專職主持 "當代木工藝術研習所"

2012年09月
發表個人創作作品展 "甘做江湖一廢材"

2010年04月
出版第二本個人木工著作 "樂活木工輕鬆作
— 木工雕刻機與Router Table的魔法奇招"

2007年04月
出版第一本個人木工著作 "做一個漂亮的木榫
— 木工雕刻機與修邊機的進階使用"

2007年06月
創作作品 "患電腦症候群的人:二愣子" 參
加總統府藝廊展出「工藝有夢 — 總統府文化
台灣特展」

2005年
哈莉貓藝術工房榮獲文建會評定為 「臺灣工
藝之店」

2000年
創作作品「變形的表情」榮獲第八屆台灣工藝
設計競賽入選

哈莉貓木工講堂
http://harimauwoodworking.blogspot.tw
https://www.facebook.com/harimauwoodworking
harimauwoodworking@gmail.com

當代木工藝術研習所叢書：
新版西式鋼鉋一點通！

作者	陳秉魁
美編設計	陳怡任 ELAINE
封面設計	劉玉琄
編輯	郝美玫

出版者	新形象出版事業有限公司
負責人	陳偉賢
地址	新北市中和區中和路322號8樓之1
mail	new_image322@hotmail.com
電話	(02)2927-8446　(02)2920-7133
傳真	(02)2927-8446
製版所	鴻順印刷文化事業(股)公司
印刷所	利林印刷股份有限公司

總代理	北星文化事業有限公司
地址	新北市永和區中正路462號B1
門市	北星文化事業有限公司
地址	新北市永和區中正路462號B1
電話	(02)2922-9000
傳真	(02)2922-9041
網址	www.nsbooks.com.tw
郵撥帳號	50042987北星文化事業有限公司
本版發行	2016 年 元 月
定價	NT$ 560元整

國家圖書館出版品預行編目資料

新版西式鋼鉋一點通!當代木工DIY入門/陳秉魁著.
第二版.-- 新北市:新形象, 2015.11
面；　公分 -- (當代木工藝術研習所叢書)
ISBN 978-986-6796-14-2(平裝)
1.手工具 2.鉋
446.842　　　　104019990